图话肥料那些事儿

马冬君　主编

中国农业出版社

编 委 会

前　言

　　每到农忙时节，田野间总能看到农民施肥的忙碌身影。可到底为什么要施肥？野地不施肥不也照样绿绿葱葱？我们种点庄稼为啥就这么麻烦，还要选肥、购肥、施肥？今天就来谈谈肥料那些事儿，帮助大家认识肥料，科学合理施肥，增加作物产量，节约资源和保护生态环境。

2016 年 8 月

目　录

第一章　肥料家族

植物生长营养从哪里来？

一是地面空气中，二是土壤中各种固有元素。因此，我们能看到不施肥也是青山绿野。

种庄稼为啥要施肥

庄稼不是一般的植物，要求产量、品质，对养分的需求更高，仅靠自然界中的营养元素难以达到农业生产的目的，需要额外补充营养，也就是施肥。

土里有氮磷钾，还施化肥不是多此一举吗？看我们野花野草长得多好。

不够我吃的，营养也不平衡。农业生产可是科学。

需要补充哪些营养元素呢？

农作物要想营养均衡长得好，既不能缺少氮、磷、钾等多量元素，也离不开铁、锰、锌等微量元素。

按肥料生产方法和原料不同

肥料一般可分为有机肥料、无机肥料和微生物肥料。

无机肥

无机肥也叫化肥，是目前生产中最常用的肥料。按化肥所含的养分分类，分为氮肥、磷肥、钾肥、微肥、复混（合）肥等。

化肥：单一肥

氮、磷、钾被称为肥料的三要素，只含有其中一种的肥料称为"单一肥料"或"单元肥料"。

化肥：复混（合）肥

复混（合）肥是含有三要素中两种以上养分的肥料。

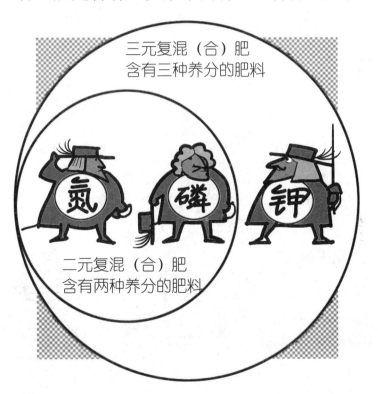

化肥肥效有快慢：速效化肥

速效化肥是指被作物吸收利用较快的肥料，如氮素化肥（石灰氮除外）、水溶性磷肥、钾肥等。

化肥肥效有快慢：缓效化肥

缓效化肥是养分释放迟缓的肥料，如钙镁磷肥、磷矿粉、钢渣磷肥等。

有机肥

有机肥料又叫农家肥，如厕肥、绿肥、饼肥、圈肥和堆肥等。

生物肥料是什么？

生物肥料也就是微生物肥料，是能够改善植物营养条件的肥料，不能直接供给养分，例如根瘤菌肥、固氮菌肥、解磷菌肥料、解钾菌肥料等。

肥料按用途分类

根据不同的施用措施，把肥料分为基肥、追肥、种肥和叶面肥。

控释肥料

还有一种新型的肥料品种称为控释肥料，也可叫做智能肥或者傻瓜肥，如控释氮肥、控释磷肥、控释复合肥等。

我们外面穿了衣服，不会马上溶化，养分是慢慢释放出来的。

第二章　肥料的作用

肥料不同作用不同

氮、磷、钾作为肥料"三剑客"，在作物生长过程中发挥着各自不同的作用，缺一不可。

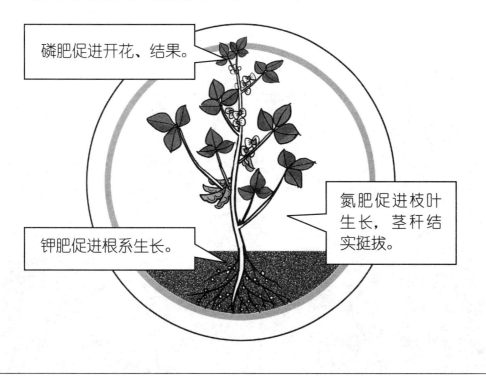

氮肥作用

氮肥能够促使作物的茎、叶生长茂盛。

氮肥原料

氮肥是促进植物根、茎、叶生长的主要肥料，那些不能食用的豆子、花生、瓜子以及大麻籽、小麻籽等油料作物，都是很好的氮肥原料。

将这些东西发酵腐熟，加水稀释，浇到土壤里。

磷肥作用

磷肥可以促使作物根系发达，增强抗寒抗旱能力；还可以使作物提早成熟，穗粒增多，籽粒饱满。

磷肥原料

磷肥的原料在我们生活中随处可见，如鱼刺、骨头、蛋壳、淡水鱼的下水鱼鳞、剪掉的头发、指甲等。

钾肥作用

施用钾肥可以促使作物生长健壮，茎秆粗硬，增强抵抗病虫害和倒伏的能力，还能促进糖分和淀粉的生成。

钾肥原料

淘米水、剩茶叶水、洗奶瓶水都是很好的钾肥，还含有一定成分的氮和磷。

微量元素不可缺

微量元素肥料（简称微肥）是指含有微量元素养分的肥料，用作基肥、种肥或喷施都行。

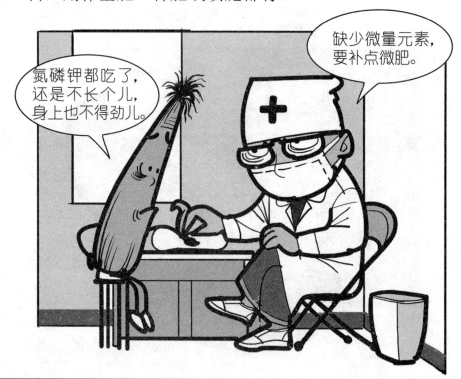

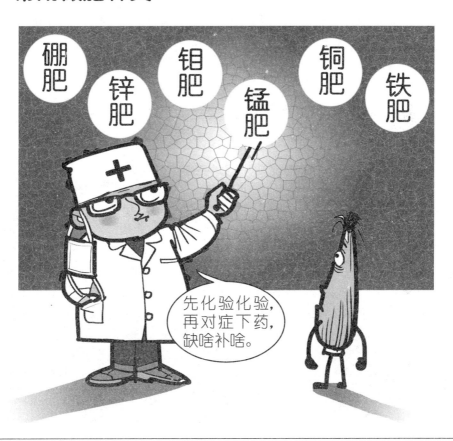

有机肥改良土壤，培肥地力

有机肥料中的主要物质是有机质，可以改善土壤物理、化学和生物特性，熟化土壤，培肥地力。

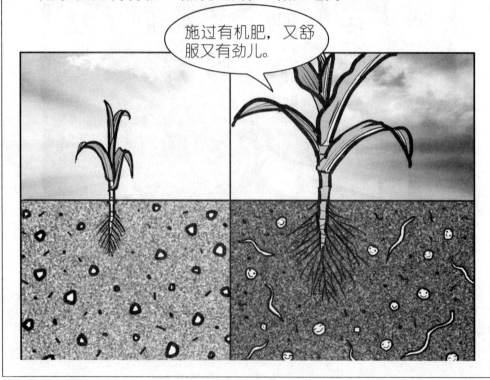

有机肥增产量，提品质

有机肥能使蔬菜中硝酸盐、亚硝酸盐含量降低，维生素 C 含量提高。

有机肥能增加瓜果中的含糖量。

生物肥料——增进土壤肥力

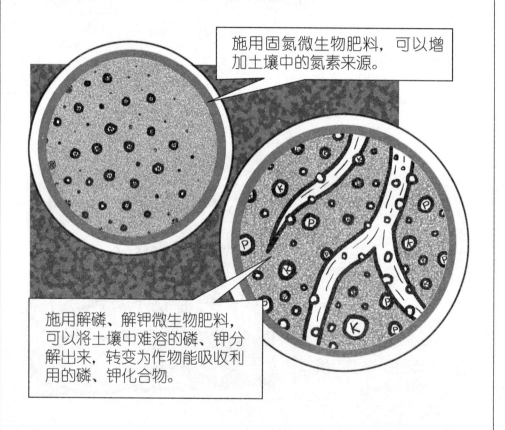

施用固氮微生物肥料，可以增加土壤中的氮素来源。

施用解磷、解钾微生物肥料，可以将土壤中难溶的磷、钾分解出来，转变为作物能吸收利用的磷、钾化合物。

生物肥料——助吸收

根瘤菌侵染豆科植物根部，根瘤固定空气中的氮素，协助农作物吸收氮营养。

微生物在繁殖中能产生大量的植物生长激素，刺激和调节作物生长，使植株茁壮生长。

生物肥料——增强抵抗力

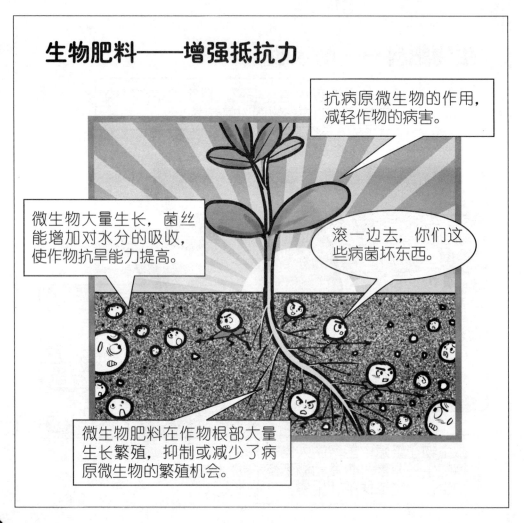

生物肥料——提高品质

使用微生物肥料后对于提高农产品品质，如蛋白质、糖分、维生素等的含量有一定作用，有的可以减少硝酸盐的积累。

第三章　评价化肥要科学

无公害农产品也能用化肥 1

现在提倡绿色、环保，曾经在提高农业产量、农产品品质、人民生活水平等方面发挥了重要作用的化肥，成了反面角色。其实，我们误会它了。

无公害农产品也能用化肥 2

植物生长所必需的各种营养元素，除大气、水、土壤提供的之外，其余的要靠施肥来提供。无公害农产品生产中可以使用化肥，但要注意安全指标。

无公害农产品也能用化肥 3

任何营养元素的缺乏都会影响植物生长，作物产量、品质，使农产品品质下降。

有机肥也不是都好

以生活垃圾、污泥、畜禽粪便等为主要原料生产的商品有机肥或有机无机肥，重金属含量有可能超标。

无公害 ≒ 控制肥料和农药

只有切断污染源、净化空气和水、改良土壤环境，才能生产出达标的无公害农产品。

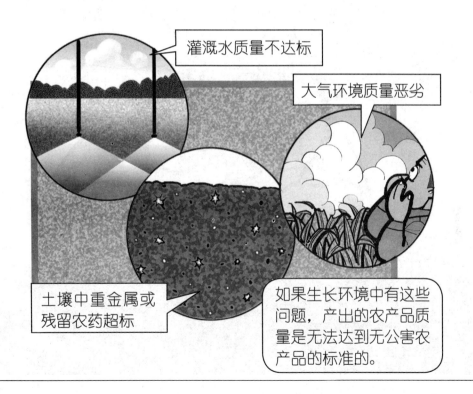

灌溉水质量不达标

大气环境质量恶劣

土壤中重金属或残留农药超标

如果生长环境中有这些问题，产出的农产品质量是无法达到无公害农产品的标准的。

土壤板结不一定是化肥害的

土壤板结的原因 1

很多农民朋友认为化肥是土壤退化、作物品质下降的罪魁祸首，这是一种错误观念，土壤板结是由几个方面的原因造成的。

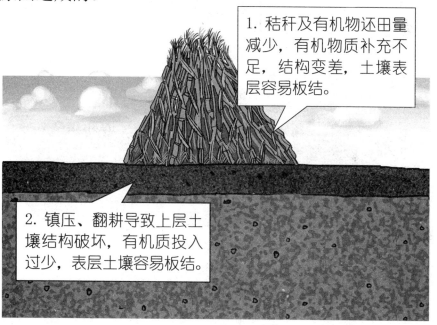

1. 秸秆及有机物还田量减少，有机物质补充不足，结构变差，土壤表层容易板结。

2. 镇压、翻耕导致上层土壤结构破坏，有机质投入过少，表层土壤容易板结。

土壤板结的原因 2

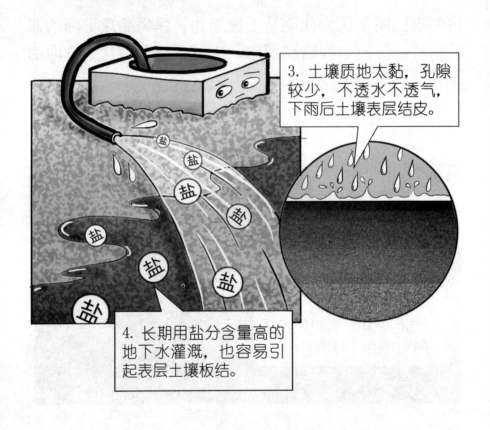

3. 土壤质地太黏，孔隙较少，不透水不透气，下雨后土壤表层结皮。

4. 长期用盐分含量高的地下水灌溉，也容易引起表层土壤板结。

施肥不当，产量难上

许多农民只知道每年增施氮肥用量求得增产，而不知道养分平衡才是提高肥效的关键。

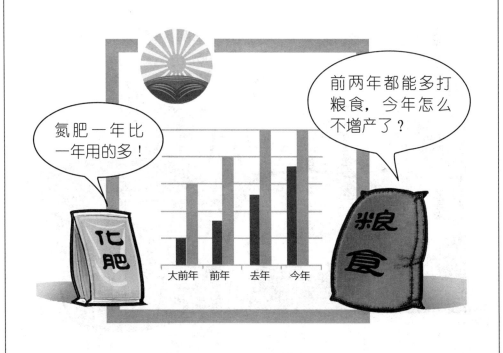

平衡施肥才能吃饱吃好

在供磷不足的情况下，偏施氮肥，氮磷养分不平衡，作物不能充分地吸收氮素，致使氮肥的利用率明显下降。

第四章 合理施肥是关键

测土配方施肥

测土配方施肥是指用科学手段，分析某一地区地块的肥力、酸碱性、微生物、养分含量等情况，总结出适宜种植哪些农作物品种，或者针对要种植的农作物分析出肥料的用量。

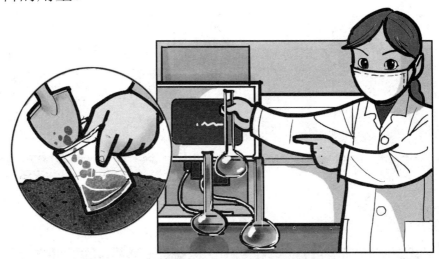

测土　配方　配肥　供应　施肥指导

基肥施巧，底子打好

基肥培养地力，改良土壤，并能较长时间供给作物所需的养分。一般基肥的施用量大，主要施用的是有机肥料和氮、磷、钾等化学肥料。

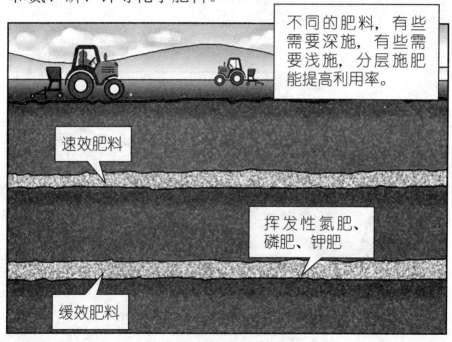

不同的肥料，有些需要深施，有些需要浅施，分层施肥能提高利用率。

速效肥料

挥发性氮肥、磷肥、钾肥

缓效肥料

种肥促幼苗

施种肥是为种子萌发和幼苗生长创造良好的营养和环境条件。

苗期靠你帮忙了。

土壤贫瘠，或作物苗期会遇到低温、潮湿环境，会造成养分转化慢，影响作物扎根和前期生长。

肥料必须与种子隔离开，用量和肥料品种要控制好，以免引起烧种、烂种，造成缺苗断垄。

选择营养吸收高峰期追肥

最好的追肥时机

水稻对氮肥的吸收是从返青后开始逐渐增加的，分蘖盛期才达到吸肥最高峰，分蘖肥很重要。

我们马铃薯要在开花期以前追肥。

玉米在拔节后至大喇叭口期，是吸收营养的高峰期，可追肥一至两次。

施肥方式要科学

尽量施于作物根系易于吸收的土层，提高利用率；还要选择适当的位置与方式，减少肥料固定挥发和淋失。

撒施

撒肥是将肥料均匀撒施于田面，属表土施肥，主要满足作物苗期根系分布浅时的需要。

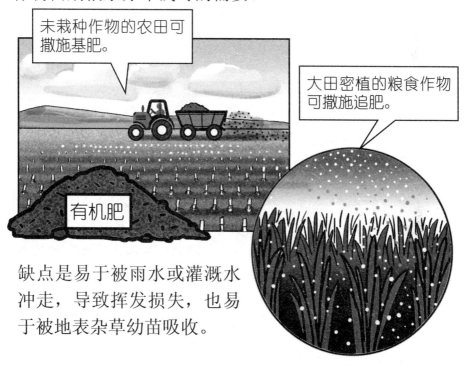

未栽种作物的农田可撒施基肥。

大田密植的粮食作物可撒施追肥。

有机肥

缺点是易于被雨水或灌溉水冲走，导致挥发损失，也易于被地表杂草幼苗吸收。

条施

开沟将肥料成条地施用于作物行间或行内土壤的方式，基肥和追肥均可用这种施肥方式。在干旱地区或干旱季节，条施肥料结合灌水效果更好。

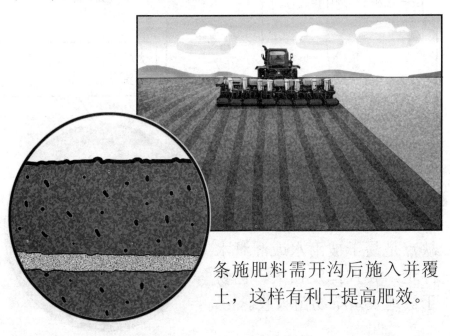

条施肥料需开沟后施入并覆土，这样有利于提高肥效。

穴施

在作物预定种植的位置或种植穴内，或在作物生长期内的苗期，按株或在两株间开穴施肥称为穴施。穴施比条施肥力更集中。

轮施和放射状施肥

给果树施肥，以作物主茎为圆心在树下或周围挖轮状或放射状沟，再将肥料施入沟里。

环状施肥多用于幼树期。

树冠大的树，可以挖放射沟施肥。

根外追肥

根外追肥又称叶面施肥，将水溶性肥料或生物活性物质的低浓度溶液喷洒在生长中的作物叶上。可补充微量元素，调节作物的生长发育。

冲施

冲施肥通常用水溶性化肥，把固体的速效化肥溶于水中并以水带肥的方式施肥，即灌溉施肥，灌水方式可分井灌和畦灌，也包括滴灌、喷灌。

这种方法主要用于蔬菜生长的旺盛季节追肥，广泛用于大棚和陆地蔬菜上。

巧用微肥

在播种前结合整地将微肥施入土中，或者与氮、磷、钾等化肥混合在一起均匀施入。

整地施基肥的时候带上我吧。

微肥　　　　氮磷钾

微肥可根外追肥

将可溶性微肥配成一定浓度的水溶液，对作物茎叶进行喷施，可以在作物的不同发育阶段，根据具体的需要进行多次喷施。

啥时候需要啥时候喷，方便还不浪费。

微肥可拌种浸种

播种前用微量元素的水溶液浸泡种子或拌种，这是一种最经济有效的使用方法，可大大节省用肥量。

复混肥料

灰褐色或灰白色颗粒状产品，无可见机械杂质存在。有的复混肥料中伴有粉碎不完全的尿素的白色颗粒结晶，或在复混肥料中尿素以整粒的结晶单独存在。

复合肥要适应土壤性状

对微碱性、有机质含量偏低（土壤 pH 一般为 8.0 左右）、有效氮和磷缺乏的土壤，一般应选用酸性复合肥。

咱这地区，土壤偏碱性，要用酸性复合肥。

对，用错了就该雪上加霜了。

复合肥要适应作物品种

小麦、水稻、谷子等密植作物，适宜用粉状复合肥。

稀植中耕作物如玉米应选用颗粒状复合肥。

蔬菜尤其是果菜和根菜类及果树等经济作物，应选用含钾较高、低氮的氮磷钾复合肥。

两种复合肥

复合肥中的钾有两种，一种为氯化钾，另一种为硫酸钾。

氯化钾复合肥，包装袋上没有"S"符号。忌氯作物，如葡萄、马铃薯、烟草、甜菜等不宜施用，也不能在盐碱地上使用。

氯化钾复合肥我们千万不要用。

硫酸钾复合肥离我们水稻远点。

硫酸钾复合肥，包装袋上会标注"S"符号。不宜在水田和酸性土壤中施用。

复合肥肥效长，宜做基肥

作基肥施用时必须选用颗粒状复合肥。

如作追肥施用应选用粉状复合肥。

复合肥浓度差异大

市场上有高、中、低浓度系列复合肥，一般低浓度总养分在 25% ～ 30%，中浓度在 30% ～ 40%，高浓度在 40% 以上。

复合肥配比原料有差异

不同品牌、不同浓度复合肥所使用原料不同，生产上要根据土壤类型和作物种类选择使用。

含硝酸根的复合肥，不要在叶菜类和水田里使用。

含铵离子的复合肥，不宜在盐碱地上施用。

春玉米氮肥怎么施

五成氮肥做基肥，大喇叭口期追氮肥。

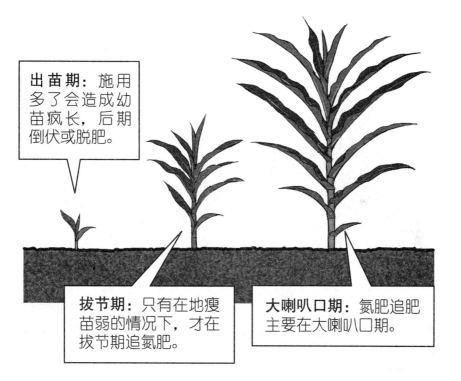

出苗期：施用多了会造成幼苗疯长，后期倒伏或脱肥。

拔节期：只有在地瘦苗弱的情况下，才在拔节期追氮肥。

大喇叭口期：氮肥追肥主要在大喇叭口期。

玉米磷钾肥和中微量元素

磷钾肥可以全部作基肥一次性施入。

中微量元素肥料，可采用基肥土施或叶面喷施等多种方法。

玉米补锌

玉米在碱性和石灰性土壤容易缺锌; 长期施磷肥的地区, 也易诱发缺锌。

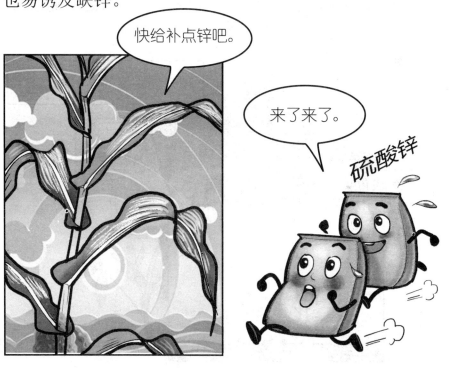

大豆种肥

山区、高寒或春季气温低地区，为了促使大豆苗期早发，可适当施用氮肥为"启动肥"，即每公顷施用尿素 35 ～ 40 公斤，随种下地。

每公顷用量 80 ～ 100 公斤

有氮肥助力，天冷也能发芽。

磷酸铵

微肥拌豆种

钼酸铵
硼砂
硫酸锌
硫酸锰
硫酸镁

水稻基肥，有机肥、磷钾肥要施足

第五章 施肥不当危害大

肥料

忌施肥浅或表施

肥料易挥发、流失或难以到达作物根部，不利于作物吸收，造成肥料利用率低。

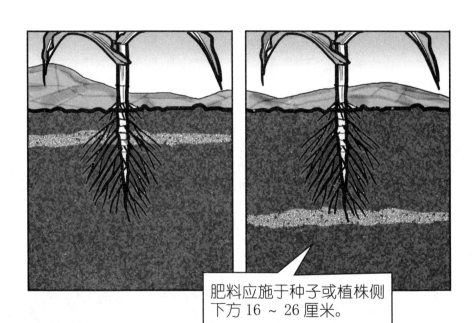

肥料应施于种子或植株侧下方 16 ~ 26 厘米。

施肥不能过量

一次性施用化肥过多，或施肥后土壤水分不足，会造成土壤溶液浓度过高，作物根系吸水困难，发生烧苗、植株萎蔫甚至枯死等肥害。

不可偏肥

过多使用某种营养元素，会对作物产生毒害，还会妨碍作物吸收营养，引起缺素症。

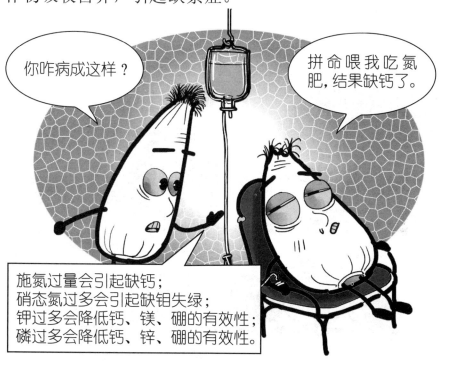

氯肥施用禁忌 1

氯化铵、氯化钾等含氯化肥，不宜施用于番茄、马铃薯等忌氯蔬菜，会影响作物品质，施用于叶菜时也要适量。

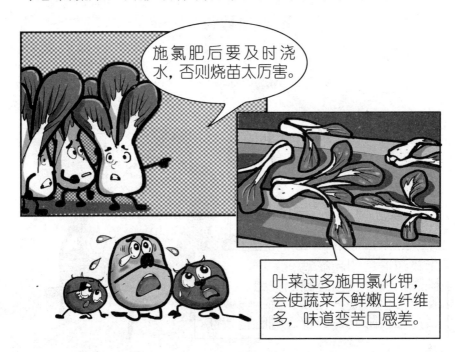

氯肥施用禁忌 2

含氯化肥忌用于盐碱土壤和忌氯作物，会加重盐碱和降低作物品质。

别给我们施氯肥,该不好吃了。

含氯化肥如氯化钾、氯化铵，忌施于盐碱土壤和忌氯作物上。

粪便必须腐熟

未腐熟的畜禽粪便在腐烂过程中，会产生大量硫化氢等有害气体，易使蔬菜种子缺氧窒息。

产生大量热量，易使蔬菜种子烧种或发生根腐病，不利于蔬菜种子萌芽生长。

施用磷酸二铵有禁忌

不能用它作追肥，撒施在表面。

不能用它作水冲肥，使磷素从地面径流带走，而作物根系根本够不着。

作物后期忌追钾肥

不能充分吸收，降低肥效。

氮肥施用有讲究

硝态氮肥一般不宜施用于蔬菜，会造成亚硝酸盐含量偏高，危害健康，含氮复合肥忌多施于豆科作物，因豆科植物本身能固氮，多施浪费。

施尿素后不能立即浇水

淋失掉，降低肥效。

碳铵和尿素不能混用

铵态氮大量积累，会造成高铵强碱区域，易对种子和幼苗产生灼伤和毒害。

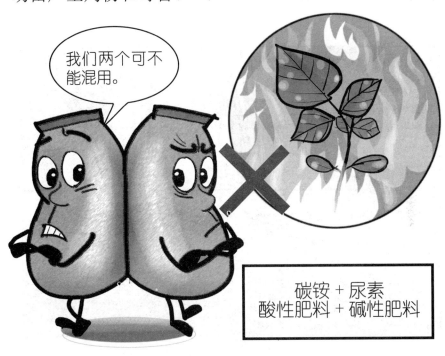

硝态氮肥忌施在稻田里

硝态氮如果施用在稻田，会造成通气不良，易发生反硝化作用，变成气态挥发掉。

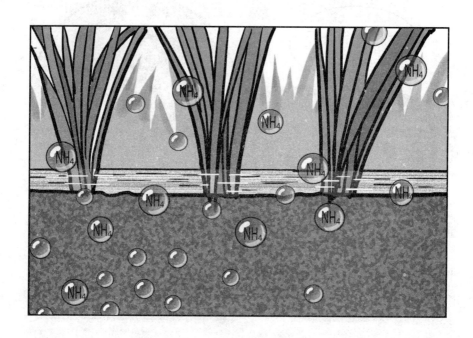

减肥增效才是硬道理

肥料在农业生产中发挥着重要作用，但用量增加，会破坏生态环境。只有科学施肥，提高肥料利用率，才能增加作物产量，节约资源和保护生态环境。

图书在版编目（CIP）数据

图话肥料那些事儿 / 马冬君主编.—北京：中国
农业出版社，2016.8
ISBN 978-7-109-22131-4

Ⅰ. ①图… Ⅱ. ①马… Ⅲ. ①肥料 – 图解 Ⅳ.
①S14–64

中国版本图书馆CIP数据核字（2016）第223780号

中国农业出版社出版
（北京市朝阳区麦子店街18号楼）
（邮政编码 100125）
责任编辑 闫保荣

中国农业出版社印刷厂印刷 新华书店北京发行所发行
2016年8月第1版 2016年8月北京第1次印刷

开本：787mm×1092mm 1/24 印张：4
字数：50千字
定价：12.00元
（凡本版图书出现印刷、装订错误，请向出版社发行部调换）